Pamphile Seven Biabo's

LES TENANTS D'UNE PAIX MAJEURE

Pamphile Seven Biabo's

LES TENANTS D'UNE PAIX MAJEURE

Le meilleur chemin pour atteindre une paix majeure en soi

Éditions Vie

Imprint

Cover image: www.ingimage.com

Publisher:
Éditions Vie
is a trademark of
Dodo Books Indian Ocean Ltd. and OmniScriptum S.R.L publishing group

120 High Road, East Finchley, London, N2 9ED, United Kingdom
Str. Armeneasca 28/1, office 1, Chisinau MD-2012, Republic of Moldova, Europe
Printed at: see last page
ISBN: 978-613-9-59639-3

Les tenants d'une paix majeure

Le meilleur chemin pour atteindre une paix majeure en soi

Par *Pamphile Seven BIABO'S*

Préface

La paix majeure en soi est un idéal de l'homme. Elle ne doit pas être une simple utopie; elle est un acte perpétuel vécu par l'homme. La recherche de cette paix est une démarche et une expérience que chacun de nous fait. Comment trouver cette paix ? Ce livre est justement là pour nous montrer les voies et moyens pour parvenir à cette paix convoitée par nous tous.

Le plume de l'auteur Pamphile est si profond qu'en le lisant vous avez toujours envie de continuer la lecture des merveilleux mots qui se déchaînent devant les va-et-vient de vos yeux lorgnant de gauche à droite chaque lettre des mots.

L'auteur s'exprime à travers l'expérience de sa propre vie, son histoire et son vécu quotidien où il puise la richesse de sa réflexion et nous montre comment parvenir à la paix intérieure durable.

A la lumière de sa pensée, on peut paragrapher que la recherche de notre paix intérieure est une quête quotidienne. A chaque jour suffit sa paix intérieure, à chaque expérience suffit sa paix intérieure, à chaque situation suffit sa paix intérieure et à chaque lieu suffit sa paix intérieure.

Tout le monde cherche la paix comme il le veut et quand il veut surtout pendant les adversités qui nous déstabilisent moralement. La paix c'est chercher l'accord entre les éléments psychiques de notre santé mentale. C'est aussi le fait de trouver l'attente en nous-même, être d'accord avec nous-mêmes sur ce que nous faisons et sur ce que nous sommes, intérioriser avec notre passé, vivre avec notre présent et projeter notre futur. C'est seulement à ces conditions que nous pouvons parvenir à la paix majeure en soi durable.

INTRODUCTION : L'état final

L'habitude est une seconde nature comme le disait mon ami August, et de même qu'Aristote[1] a dit que: « *l'excellence n'est pas un acte mais une habitude*». Ce dont il est question dans ce livre, vous rendra particulièrement excellent, et surabondant en paix que j'appelle dans un contexte tout à fait singulier et original, une **Paix MAJEURE**. Qui dit Majeur dit très Grand ! Parce qu'il transforme ta paix du moindre, du médiocre, du grand en paix très grande!

Il y a John Maxwell qui dit qu'on n'atteint pas un lieu plus grand sans grandir vers cette plateforme, voilà pourquoi ce livre vous dispose des étapes pour atteindre une paix en soi majeure comme des marches, afin de la propager et la maintenir au quotidien.

Ici commence dans votre quotidien une nouvelle dimension de la paix comme jamais ; ne vous demandez plus quand ? Soit où ? Comme la vie c'est maintenant, l'état final de votre paix majeure commence maintenant dans ce superbe contenu. Ce qui est conçu dans ce livre est destiné à améliorer votre quotidien et il vous sera imprenable.

Le résultat du chemin que nous ferons ensemble ne vise plus votre état actuel, plutôt l'état qui suit dès cet instant jusqu'à la plus haute des marches. Alors, un accès libre à l'état final d'une paix majeure dans votre quotidien est maintenant à votre disposition.

Ligne après ligne vous allez le découvrir, alors je vous présente l'un des chemins à suivre mais le seul à mener vers votre irréversible *état final, de Paix majeure, vous le désirez* ? Maintenant, en voici la clé…

Les tenants d'une Paix majeure!

PARTIE 1

Chapitre 1 : Contexte et justification

- **Pourquoi un besoin immédiat du chemin vers une paix majeure pour soi ?**
- **Quelles sont les causes d'une vie sans paix majeure en soi ?**
- **Quelles sont les conséquences d'une vie sans paix majeure en soi ?**
- **Quelle est l'importance d'une paix majeure ?**

CONTEXTE ET JUSTIFICATION

POURQUOI UN BESOIN IMMEDIAT DU CHEMIN VERS UNE PAIX MAJEURE POUR SOI ?

Dans un champ de batailles

Notre rencontre vient déjà de commencer, j'ai apporté bien des informations sur ce chemin que je vais te décrire, car ensemble nous allons le connaître, le suivre et ensuite le montrer à d'autres, ainsi ce que tu es sur le point de découvrir va te défier et va te changer par ce que tu peux comprendre avec moi que *ce qui ne te défie pas, ne te changera pas*. A ton tour de reconnaitre encore, *si tu ne changes rien, alors rien ne va changer*.

Sur un terrain où toute paix dans chaque domaine de la vie telle que familiale, professionnelle, sociale, politique, économique, conjugale, personnelle et j'en passe est le résultat d'une forme de lutte stratégique, on y rencontre indéniablement la cruauté sous diverses formes que je vous les regroupe en deux dans la section suivante, par ce qu'elle ne vous sera pas servie sur un plateau d'or. Une citation chinoise dit qu'on ne gagne pas dans le champ de bataille, on gagne bien avant de s'y rendre puis on va se battre juste pour confirmer sa victoire. Ce livre est le design de ta victoire sur ce champ de cruauté et pour récupérer ton butin de guerre, une paix majeure. Il se trouve ici ta stratégie sans faille ; n'inverse plus l'ordre. Continues d'avancer.

Depuis que j'ai connu ces secrets étalés pour toi dans ce contenu ; il est pour moi tout le temps sur ma montre ; l'heure de faire des bons choix, et comme c'est le cas pour toi aussi, l'heure du changement c'est maintenant, et transforme l'heure s'affichant sur ta montre dès maintenant, en heures de bon choix ; ensemble avec moi. Par ailleurs, ce n'est pas tout ; par ce qu'aujourd'hui tu peux le considérer comme le premier jour de ta vie, les années précédentes vous ont amené à ce point initial pour une nouvelle vie, vie de la paix majeure. Je te défie dans une immersion dans ce contenu qui va changer tes priorités, ta mentalité, ton opinion. Es-tu prêt pour une croissance fulgurante de ta paix ? Ta tranquillité d'esprit en taille majeure ? Tu as fait un choix formidable. Alors ne t'arrête pas là.

Un mois toujours seul

C'est de façon naturelle que la cruauté dans l'homme est innée, mais dans ce chemin nous allons la transcender ensemble, je vous le répète : nous allons la transcender ensemble. Elle se définit comme étant le *plaisir de voir souffrir ou de faire souffrir*. Nous la subissons soit par le fait naturel dont est doté l'homme de la répandre sur vous sans que vous en soyez la cause, elle est dite ***cruauté gratuite ou spontanée***, elle est générée par des esprits petits de façon générale, que nous appellerons familièrement ici des *messieurs chaos*. Soit quand elle est issue d'une origine, dont nous sommes la cause, elle est dite **cruauté induite**.

Je vous en parle moi-même en reconnaissant que je suis moi-même une ancienne victime de cruauté répandue par des messieurs chaos ; qui de ce fait en 2009 encore au collège, affectant mon état émotionnel et ma paix intérieure, à cause de mes petites différences assez remarquables, qui étaient liées à mon âge, ma taille, et ma nouveauté dans un nouveau milieu. Ils se prêtaient à leur jeu, et je subissais. Oui, malgré moi j'ai subi la *cruauté gratuite* pendant un moment ; j'ai vécu *un mois tout seul* sous la torture, dans l'oppression au moment de cours à l'école et pendant la récréation, c'était un fait qui avait tout son sens. Sauf que comme dans toute lutte, le trouble devait changer de camp, une question d'*attitude qui a déterminé mon altitude* que j'applique pour des situations actuelles semblables. Je vous livre tout, ces secrets un peu plus loin dans la partie suivante. Ne t'arrête pas encore.

Aux grands maux les grands remèdes

En 2015, il y eût une énorme vague de fièvre jaune dans une région toute proche de la ville où j'ai grandi ; à cette époque, j'étais étudiant et j'avais une pléthore d'ambitions et d'idées dans la tête ; le perturbateur n'était pas une guerre comme on peut souvent l'évoquer pour la plus grande raison inhibitrice de paix dans le monde. Ici, c'était la menace de la disparition d'un climat favorable pour atteindre mes objectifs. Cette menace, c'était un microbe pour moi et tout le reste des habitants de ma ville y compris pour ce qui avait également des grands projets. C'était un changement négatif pour toute une ville d'accueillir ce virus même pour ceux qui bénéficient d'une telle crise pour des raisons économiques, le grand mal ne devait pas être fait, alors il nous a fallu un vaccin dans l'immédiat. *Aux grands maux les grands remèdes*, et pour ta paix majeure c'est le cas de ce livre qui contient pour toi, les différentes doses du vaccin contre le manque d'une vie formidablement paisible dans ton quotidien. Il est tout à toi, ne t'arrête pas.

En valait la peine

L'inaction est la cause principale de la peur, le virus s'approchait de la ville, quelques nouveaux cas de contamination étaient diagnostiqués et s'augmentaient chaque jour. Et vous savez quoi ? Toute la ville faisait la file pour être vaccinée dans tous les centres indiqués pour une dose. Cependant, le privilège revenait qu'aux femmes, aux enfants, aux vieillards et à quelques gens en particuliers. Et où était ma place ? Dans la file parce que j'étais sain et jeune. Oui, la paix peut prévaloir pour une personne pas pour une autre pour des raisons sociales, familiales, de santé, financières etc. ; ces raisons pouvaient me décourager pour retourner aisément attendre que le virus m'emporte, ma situation ne me permettait pas un privilège comme les autres cas, il s'agit aussi dans cette quête de ta paix ultime de savoir que « *aux grands guerriers les grandes batailles* ».

Pour mes ambitions et mes projets me lever tôt pour faire la file, avoir ma dose, ce sacrifice *en valait la peine*. Rien ne nous prédispose d'être en paix permanente, seulement pour qu'elle demeure ainsi la décision t'appartient. C'est terminé avec les angoisses des messieurs chaos grâce à ce contenu, continuez de progresser, votre lecture va valoir sa peine aussi. Nous quittons maintenant le quai d'un état initial pour l'état final, tu peux le ressentir. C'est le DEPART !

QUELLES SONT LES CAUSES D'UNE VIE SANS PAIX MAJEURE EN SOI ?

Premier de la classe

Toute réussite a un secret, comme le travail dans la discipline, une persistance dans l'effort, une amélioration continue, bref, *John C. Maxwell*[2], *Zig Ziglar*[3], *Bob Proctor*[4], *Jim Rohn*[5] et bien d'autres leaders et intervenants sur le développement personnel en parle aussi en long et en large dont je vous les recommande à genoux.

Toutefois, La paix en soi, nous l'avons tous mais savez-vous comment ça marche ? Pourquoi ça marche pour les uns et pas pour les autres ? Le révérend LMK[6] a dit un jour dans son allocution : « *est premier de la classe, celui qui a la bonne information avant tous les autres.* » Exact, car votre paix majeure ne dépend pas d'abord de ce que vous avez financièrement, matériellement ni de ce que vous êtes, etc. Bref, elle dépend de toutes les bonnes informations que vous avez à son sujet. Ceci n'est pas un hasard, ce livre est votre base des données ! Alors servez-vous en.

De ne sauter aucune étape

Toutes grossesses commencent par un zygote, avant de devenir un fœtus, un embryon, jusqu'à un enfant complet, dans la reproduction sexuée ou asexuée, un ordre d'étapes préétablis doit être respecté au cas contraire, la science prouve clairement qu'il faut s'attendre pour des cas miracles à un prématuré soit à une expérience ratée malgré la propre bonne volonté de la nature. De même que pour la réalisation d'un quelconque projet nécessite *de ne sauter aucune étape* de peur de le sous évaluer ainsi de ne pas l'exécuter. Ne sous évalues plus ta propre paix majeure en sautant des étapes du chemin, ce livre est celui de ta paix majeure, et est conçu pour te montrer les différentes composantes du chemin vers l'état final. Dans un champ des batailles il faut de l'ordre dans les compositions, par ce que *personne n'y gagne en désordre.*

Le coût

L'idéal n'est pas seulement le résultat auquel mène un chemin, les coûts aussi que demandent ce trajet, les conditions opératoires dues aux différents paramètres intrinsèques du système définissent *le coût* total de cette opération. Retenez ceci de la part d'un expert que j'ai rencontré dans mon parcours, pour tout projet savoir minimiser le coût, car *la mesure qui coûte moins chère est l'idéale* ! Jusque-là minimises-tu le coût de ce chemin qui t'amène vers ta paix majeure et intérieure ? Heureusement, pour toi j'en ai un hors toutes concurrences. Avances encore tu l'as déjà.

Forces ou faiblesses

En tant que leader, il faut réfléchir de manière stratégique, me répète-je ; lors de mes moments de réflexions. En effet, toute stratégie repose sur la connaissance de deux cibles, ses forces ou ses faiblesses. Connaissez-vous vos vraies forces ou vos réelles faiblesses ? Comment les exploitez-vous jusqu'à cet instant ? Votre réponse à mes deux questions ci-dessus vous en dira long sur votre stratégie majeure de bataille. Ne vous en faites pas, ce livre est la solution à la hauteur de toutes vos attentes.

QUELLES SONT LES CONSEQUENCES D'UNE VIE SANS PAIX MAJEURE EN SOI ?

Malheur aux perdants

N'oubliez pas que la vie sur terre est un champ de batailles, que nous participons tous dès l'entrée de jeu sur le terrain sociétal, à un rapport de forces à la fois spirituel, physique, financier, économique, familial, militaire, etc. Un soir cette narration sur la télévision dans un film documentaire sur la chaine trophique dans le milieu sauvage a tiré mon attention ; il y avait les plantes, eux autotrophes qui servent de nourritures aux herbivores, eux à leur tour servent d'aliments aux carnivores, ces derniers étaient classés selon deux ordres dont vous connaitrez sûrement en recherchant sur un moteur de recherche. De toutes les bêtes qui figuraient dans le film le lion avait occupé le sommet de la chaîne. Et le narrateur sortit une théorie de *Darwin* sur la survie ; que seul le plus fort qui occupe le sommet. Soit celui qui s'adapte en continu. Par ce que 99% sont ceux qui abandonnent, qui se victimisent, qui s'arrêtent en cours de route, qui s'autosuffisent, qui s'avouent vaincus d'avance et se laissent conditionner par leur environnement soit comme des autotrophes, des herbivores voire d'autre comme des renards, ou des chacals, tant pis pour eux par ce que l'unique vainqueur reste le lion. Nul ne lui reprend sa part, les restes subissent sa loi *comme la vie est un champ de batailles malheur aux perdants*, ils se choisissent leurs parts seulement après que le lion ait choisi sa part d'abord. Grâce à ce livre vous vous accaparerez la part du lion.

La ruche d'abeilles

Voici une de définition de la paix en quelques mots : « *la paix c'est la prospérité* » une paix mal perçue, en pensant qu'elle est surabondante et qu'on peut la gâcher, ou qu'une fois partie qu'elle reviendra finie par te ruiner ; une paix menacée finit par disparaitre ; attendre qu'elle te sera donnée, te décevra ; une paix mal préservée te fera saigner le cœur.

Comme tous les samedis matins sur les collines, où j'habitais à l'ouest de la ville avec ma famille, je me mets à nettoyer l'extérieur, sans la moindre souciance puis tout d'un coup, j'aperçois *une ruche d'abeilles* qui a occupé le dessus de l'embrasure des battants d'une des fenêtres de la douche de la maison voisine, il fallait juste l'enlever delà, pour moi c'était juste une ruche d'abeilles, mais pour la colonie c'est une économie, un investissement, un symbole de prospérité, les ouvriers étaient prêts à perdre leurs vies pour protéger la reine qui s'assurait de leur prospérité grâce à la reproduction. La paix peut exister dans son état naturel en soi, tu finis par le perdre quand elle devient vulnérable par le fait que vous l'exposez excessivement. Vous vous imaginez un peu la suite, la ruche a été fumigée et détruite par les petits du voisins. En carence de paix sûre plus de prospérité ! Continuez d'avancer et déverrouillez pour vous une paix plus sûre et certaine.

Les termitières

Je me suis relativement bien demandé un jour pourquoi n'y a-t-il pas de termitière en plein milieu urbain ? Les insectes sociaux comme les abeilles, les termites construisent les plus grandes termitières dans la nature à l'abri de la vue et du quotidien de l'homme, plus ils sont éloignés des hommes plus ils en bâtissent des grandes. N'as-tu pas remarqué ? *La paix c'est la prospérité, une paix en soi médiocre te mène en une prospérité* médiocre, tant en soi et autant à l'extérieur. Une ruche assez accessible sera détruite par des gosses mais une termitière assez bien gardée mesure des mètres en hauteur et s'impose dans le décor naturel et ce n'est pas un marmot qui te la renversera. Bâtissez une paix intérieure sûre grâce à ce contenu, alors continuez d'avancer.

C'est humiliant

Il est une question de considération profonde, les affluents sont des cours d'eau qui se jettent dans un autre plus grand, un fleuve à son tour fait la même dans un océan en delta ou en estuaire ; bref, une embouchure ; l'océan s'évapore pour former la pluie qui suivant les saisons se précipitent vers les continents qui alimente les nappes pour les affluents, à partir des exutoires. Il existe dans tous ces phénomènes un équilibre entre le chaos et la reconstruction. Une interdépendance règne dans ce réseau hydrologique. Une perturbation du cycle entraine un chaos caduc, n'oublions pas que l'activité humaine est génératrice de chaos irréversible, la pollution en est un exemple. *La dépendance est la chose la plus humiliante pour l'homme*, à combien plus forte raison de ta paix majeure intérieure, de ton bien-être crois-tu que c'est un autre monsieur chaos à qu'il faut le confier ? Le cycle auquel tu te connectes pour un possible retour positif équivalent est d'avance soit en peine soit rompu par l'activité de monsieur chaos. Puisque tu perds du terrain, tu finiras captif des déjections des autres, tu te contenteras des restes. Quand tu ne serviras plus, monsieur chaos te remplace et trouve son autre affluent ! *C'est humiliant* !

Le chat m'a griffé

Un cœur en manque de paix majeure est un cœur belliqueux et comme tout belliqueux qui se respecte, est naturellement vindicatif. Une anecdote me revient en passant tout en soulignant que je n'ai rien contre les animaux, pendant des vacances chez mes grands-parents, un jour lambda ; je suis moi-même entrain de répandre une cruauté gratuite sur un chat innocent en lui tabassant, inoffensif, il se met à me fuir. Le chat a croisé son monsieur chaos et sa paix est perturbée, à chaque moment de la journée le chat ne fait que me fuir au son des grognements et de miaulements avec grimaces. Le jour suivant, dans le jardin le long du corridor qui mène à l'entrée du grand séjour, en face à face, en ayant déjà engendré une guerre entre moi et la bête, j'ai rendu la bête comme moi belliqueux et je me suis rendu vindicatif. Et ce jour même en chien de la casse, le *chat m'a griffé* pendant notre duel inutile. Ce récit montre comment on peut transmettre sa cruauté à d'autres et on peut leur rendre belliqueux et vindicatif. Deux jours après, la frustration demeure entre moi et le chat. Quel que soit la raison qui justifie ton action ou tes mots pour répandre ton chaos, rendez-vous juste compte que la seule personne à qui vous nuisez premièrement c'est Vous.

Comportements à risque

Souvent quand on n'est pas suffisamment renseigné sur certaines choses, on périt faute de connaissances peu importe les justifications qu'on peut avancer, on subit quand même la peine à laquelle l'ignorance nous condamne. Devant le petit écran, affalé sur le canapé scrutant attentivement l'édition du soir, du journal télévisé, je tombe sur un expert en santé public se faisant interviewer, sachant qu'à cette époque règne encore l'épidémie d'Ebola. Sur le champ, il se met à raconter tout ce qui avait à savoir sur le sujet ensuite, les précautions ; ce qu'il faut éviter de faire pour les habitants aux environs de régions touchées, par exemple, ne pas manger ou manipuler les animaux morts en forêt, ne pas toucher les malades ou ceux qui présentent les symptômes, ni même les cadavres et leurs vêtements, ce qui représentent des comportements à risque pour attraper l'Ebola. Oui, faire un bien à monsieur ou madame chaos à attendre quelque chose en retour c'est aussi un comportement à risque, pensez que votre paix doit dépendre d'un proche ou d'un tel autre par le simple fait que tu crois qu'il est bon par exemple, c'est un *comportement à risque.* Cependant, même pour votre paix, vous avez besoin des parties prenantes externes, la suite à ce sujet j'en parle plus loin, la plupart de ceux qui ont subi une telle expérience de cruauté gratuite ou induite sont ceux qui se sont décidés de se comporter dangereusement au prix de leur propre paix, or pas de paix, pas d'harmonie intérieure.

De plus, la comparaison n'est pas si mauvaise quand elle est loyale, dans l'honnêteté, ce qui permet de ne pas nourrir votre égo en votre défaveur. Lorsqu'elle commence à déranger votre paix, elle devient à éviter. N'acceptez pas la comparaison tant qu'elle risque de te coûter la perte immédiate ou lointaine de ta paix. À quatorze ans d'âge, ma mère me compare dangereusement à un fils de son amie, alors, je me considérais plus comme un fils digne de sa mère, je me suis fait un mal fou de lui ressembler mais après j'ai vite compris être moi était mieux parce qu'en fait j'étais très bon à l'école mais pas lui et grave encore, vous savez quoi ? Sa propre mère lui comparait à moi ! Afin de le motiver à bosser comme moi à l'école.
Tout à fait paradoxale n'est-ce pas ? Soyez vous-même en vous raffinant chaque fois, par ce qu'il n'y a pas sur terre plus excellent comme vous. Vous ne voulez plus risquer votre paix ? La préserver ? La poursuivre ? Eliminez les vents contraires du risque comportemental. Maintenant, ajustez votre voile car vous êtes sur le bon chemin. Sentez déjà le vent en poupe !

QUELLE EST L'IMPORTANCE D'UNE PAIX MAJEURE ?

Je vais le dire à mon oncle

Le dysfonctionnement de la paix est observé chez les gens en proie à la cruauté gratuite ou induite des messieurs chaos, il est la conséquence d'un conflit violent ; et ceux-là désirent la paix et la recherchent à tout prix. A cet effet, moi-même quand il m'est arrivé de faire mes premières marques dans la jungle ou pour simplement dire dans mon quartier qui de base est mouvementé, où je ne tarde pas de découvrir mon prédateur, n'oubliez pas que je suis en fait le maillon d'une chaine alimentaire le temps de ma paix est compté. Il me maintient en oppression près de deux mois, j'avais tellement foi en sa capacité de nuisance que j'ai oublié que mon oncle est un *sensai* et pratique du *full contact*. Jusqu'à ce que le temps d'un échange avec lui, un soir il me fait connaitre que quiconque qui me menacerait aurait affaire à lui ! Le déclic ; l'information est tombée au bon moment par ce que cette fois au lieu de lui fuir comme d'habitude. Le jour suivant, j'affronte le prédateur pris par l'élan de son habitude commence à me menacer physiquement alors je lui sors la phrase canon : «*je vais le dire à mon oncle* ! ». C'est qui ton oncle ? me demande-t-il. Le maitre qui s'entraine tous les soirs dans la rue lui répondis-je. Eh bien ! Vous savez quoi ? Depuis cet instant précis, la terreur a vite changé de camp. Le prédateur se rend compte qu'il était effectivement une proie pour mon oncle. Bref, en connaissant les merveilleuses composantes de paix qui t'appartiennent, te débarrassent de la terreur de tes prédateurs en leurs présentant à un nouveau prédateur d'un autre ordre plus grand, le lion ! Il existe quelques parts pour toi des moyens d'inhiber et de terminer cette terreur mais bien mieux ton prédateur, également le Lion désireux de payer le prix de votre précieuse paix et de celle que vous recherchez encore, et ça commence par vous d'abord. Ce livre vous le présente noir sur blanc de la plus belle de manières, daignez continuer votre progression.

Assurance

Il existe une assurance pour tous de nos jours, pourquoi pas pour votre paix majeure ? Elle est contenue dans l'ensemble des différentes composantes de votre paix majeure. Souvenez-vous de mon prédateur, après l'avoir présenté mon oncle, j'étais dorénavant rassuré où que soit le lieu, quel que soit l'heure ou encore sa force, qu'il ne pouvait plus rien contre moi. Exact ! J'ai découvert une chose même ma paix vis-à-vis de mon prédateur avait une *assurance*, mon oncle ! N'est-ce pas merveilleux ? La proie dompte le prédateur quand il a une ferme assurance. Ces composantes de paix pour vous, vous montre comment avoir une assurance pour toute une vie, dans ce champ des batailles. Oui, je vous promets la part du lion dans la partie suivante de ce livre grâce à cette assurance !

RESUME

- Ce que vous devez comprendre pour l'état final de votre paix dans toutes ses formes commence par admettre que *la vie est un vaste champ de batailles*.
- Malgré vous la *cruauté gratuite du monde* vous sera toujours servie gratuitement ou de manière induite, c'est dans la nature de monsieur chaos qui est l'homme. Sauf que comme dans toute bataille la peur doit changer de camp pour votre paix majeure intérieure et en devenir une source pour les autres.
- Aux grands maux les grands remèdes, certains remèdes sont soit préventifs et d'autres curatifs, les deux sont contenus dans ce livre.
- Rien ne nous prédispose d'être en paix majeure permanente, seulement pour qu'elle demeure ainsi la décision vous appartient.
- Votre paix majeure ne dépend pas de ce que vous avez financièrement, matériellement etc., ni de ce que vous êtes. Bref, de toutes les bonnes informations que vous avez à ce sujet.
- Vous sous évaluez votre paix majeure en sautant des étapes du chemin, ce livre est celui de votre paix majeure, et est conçu pour vous montrer les différentes composantes du chemin vers l'état final. Dans un champ des batailles, *personne ne gagne en désordre* !
- *La mesure qui coûte moins chère est l'idéale* ! Or, ce qui coûte votre paix majeure vaut excessivement cher.

- Comme toute bataille, pour gagner sa paix, il vous faut une stratégie de guerre.
- Il est temps de reprendre votre position celle du lion soit de la maintenir parce que nulle ne lui reprend sa part, le reste subissent sa loi *comme la vie est un champ de bataille malheur aux perdants*, ce sont eux la part du lion !
- La paix peut exister dans son état naturel en soi, vous finissez par le perdre quand il devient vulnérable.
- *La paix c'est la prospérité*, une paix en soi médiocre vous mène en une prospérité médiocre, tant en soi et autant à l'extérieur.
- Une perturbation du cycle entraine un chaos caduc, n'oublions pas que l'activité humaine est génératrice de chaos irréversible, la pollution en est un exemple. *La dépendance est la chose la plus humiliante pour l'homme*, à combien plus forte raison de votre paix majeure (intérieure).
- Un cœur en manque de paix est un cœur belliqueux, et comme tout belliqueux qui se respecte est naturellement vindicatif.
- Même pour votre paix, vous avez besoin des parties prenantes externes, la suite à ce sujet j'en parle plus loin, ceux de l'état final arrêtent de se comporter dangereusement au prix de leur propre paix, or pas de paix pas d'harmonie intérieure.
- Il existe quelques parts pour vous des moyens d'inhiber cette terreur mais plus mieux de dompter votre prédateur.
- Il existe une assurance pour tous de nos jours, pourquoi pas votre paix ? elle est contenue dans l'ensemble des différentes composantes de votre paix, une sorte de thérapie de votre paix majeure intégrale.

1. **Aristote (384-322 av. J.-C) : est un philosophe et polymathe grec de l'Antiquité.**

2. John C. Maxwell : est un expert en leadership de renommée internationale, conférencier et pasteur.

3. Zig Ziglar (1926-2012) : auteur à succès et conférencier américain dans le domaine de la vente et de la motivation.

4. Bob Proctor : est une figure du développement personnel et précurseur dans l'enseignement de la loi d'attraction.

5. Jim Rohn (1930-2020): entrepreneur américain, écrivain et coach en développement personnel et en motivation dans le monde des affaires.

6. Le révérend Léopold Mutombo Kalombo « Apôtre LMK » : télévangéliste congolais, auteur, conférencier et pasteur chrétien évangélique.

Chapitre 2 : Objectifs global et spécifiques

- **Atteindre l'état final de paix majeure en soi**
- **Consolider ta paix majeure**
- **Devenir une source de paix pour les autres**

CHAPITRE 2 : OBJECTIFS GLOBAL ET SPECIFIQUES

ATTEINDRE L'ETAT FINAL DE PAIX MAJEURE EN SOI

« Dieu me garantit la sérénité pour accepter les choses que je ne peux pas changer ; le courage de changer les choses que je peux, et la sagesse de reconnaitre cette différence. »

Reinhold Niebuhr

Acceptes toi

Durant le mois de la solitude qui persiste encore dans mon nouveau collège, je me sens à bout de mes forces, je n'en pouvais plus clairement j'étais en train de craquer. Comme dans l'anecdote du lion, je me suis dit enfin d'en parler à mon père, il aurait sûrement une solution pour moi, comme vous le savez déjà je n'en pouvais plus ! Un de ce matin, je croise mon père entrain de repasser sur la véranda, je m'avance, en lui disant tout de suite que je n'en peux plus de cette classe, où tout le monde me ridiculise, me traite de petit, de nain, que je mesurais la taille de leur cadet de neuf ans, que je chaussais la même pointure que son frère de sept ans, certains dans la masse me posaient de question du genre t'as quel âge ? Pour ensuite s'en moquaient ? Je ne me sens pas du tout aimé à la limite accepter par d'autres camarades, alors je veux quitter ce collège. Mon père, reste silencieux dans sa tâche tout en continuant de m'écouter me plaindre comme un rabat-joie de bonne heure. J'ai fini de parler, il me sort juste un : « alors ? C'est tout ? », Oui père lui répondis-je. « Ils ont raison tu es petit ; fils, mais *Acceptes toi* c'est tout. » me répondit-il. Quelle désillusion ? En effet, celui qui devait prendre ma défense me place devant les faits, mes responsabilités. C'était choquant, mais réaliste je devais commencer par m'accepter, mon père n'avait pas tort, je n'acceptais pas ce que j'étais d'abord. Mes camarades en faisaient de trop mais ils soulignaient ce qu'était ma différence parmi eux dans le collège, c'était pour eux une première ce qui est normale pour des adolescents dépourvus d'habilités douces. Comme moi beaucoup n'acceptent pas ce qu'ils sont, tu veux une paix majeure ? Commencez par vous accepter, VOUS ! tel que vous êtes c'est-à-dire soit malade, de petite taille, faible, trop mince, en surpoids, fauché, ou juste un humain ordinaire sur plus de sept milliards, pas riche, pas fort en langues ou pas athlétique, ou en maths par exemple, de vie aisée, issue d'une bonne famille ayant des excellentes valeurs morales, etc. Atteindre une paix majeure passe d'abord par le fait de vous accepter en premier. *« Ce n'est pas que vous ne pouvez pas, ce que vous ne voulez pas. Le choix vous appartient »* ***Chris Robinson***

Différence n'est pas un défaut

Il me revient souvent de faire recours aux exemples de mes années de collégien, car c'est le pont entre la vie dans la famille et la vie pratique pour la majorité de tout être humain de nos jours. Encore une fois, je me rappelle de ma camarade d'origine nigériane, Chioma en huitième, foncièrement anglophone Chioma avait des difficultés énormes en cours de français, c'était un enfer pour elle aux heures de cours avec madame Thérèse la professeure de français. La classe entière était plus forte qu'elle en français, chose qu'elle admettait, mais devinez quoi ? Quand venait l'heure du cours d'anglais, l'anglais était son élément et là personne ne pouvait lui battre, en plus l'anglais avait la même pondération que le français. Elle n'échoua pas à la fin mais d'autres qui se moquaient d'elle en cours de français, échouaient en Anglais. Elle a commencé par accepter qu'elle fût la plus faible en français en cherchant à y faire du mieux qu'elle pouvait, vu que personne ne pouvait lui battre en anglais à cause de ses racines anglophones différentes des autres. Je crois que vous avez déduit comme tout le reste de nos camarades en huitième, que la différence de Chioma n'était pas un défaut ! Plutôt son atout majeur pour être la première de tous en anglais ce qui en effet força le respect malgré ses peines en français, où tout le monde lui encourageait finalement par ce que nos devoirs d'anglais, Chioma s'en charger ; incroyable n'est-ce pas ? Une paix majeure nécessite de comprendre que sa *différence n'est pas un défaut.* Que vous êtes ce que vous êtes pour le bien d'un groupe des gens quelque part dans le monde. *« Vos plus grandes batailles peuvent actuellement devenir votre plus grande source de contribution »* ***Jamie Kern Lima.***

Une bonne image de soi

L'état final d'une paix majeure quand elle n'est pas encore atteinte vous rend rétrograde à la moindre contrainte dans le chemin transformationnel, c'est l'histoire de Sabine une amie qui m'a permis de la partagée dans cet ouvrage elle-même arrivée à une certaine étape dans sa vie, pour ses études à la fac, avait décidé de vivre dans sa famille paternelle, elle raconte qu'à ce jour-là j'ai eu un avant et un après de moi-même mais en pire. Longtemps gardé comme secret, j'avais découvert que j'étais fille d'un fils adoptif, rien de biologique n'existait réellement et j'ai croisé des messieurs chaos qui commençaient à me faire se sentir étrangère. Les mots et les actes répressifs ont entaché mes pensées au plus profond de moi. Je commençais à me sentir paria parmi des maitres, un fruit d'accident, un résidu de la famille que je me trouvais à la mauvaise place. La solitude, des afflictions se multiplièrent. Devinez quoi ? Je commençais à devenir petit à petit ce que je me percevais, j'étais tombé dans l'alcoolisme, je fumais et j'étais devenue un rebut total par le fait que monsieur chaos avait semé le chaos en moi d'une part et d'autre part je n'acceptais pas ce que je suis et je considérais ma différence comme un grand défaut du destin…

S'accepter et considérer ses différences comme des atouts en travaillant dessus vous ouvrent le sentier de la bonne image de soi. Ne permettez plus à aucun monsieur chaos de rependre son venin sur vous, acceptez-vous et misez sur vos atouts, s'il vous plait ! Montrez-vous s'il existe un meilleur dans le jeu d'avoir une bonne image de soi, c'est VOUS ! Comment y parvenir je vous l'expose dans le chapitre suivant. Vous êtes sur la bonne voie comme jamais.

Avoir une haute opinion de soi

Pour *avoir une haute opinion de soi*, il faut accomplir quelque chose de grand, a dit *Bill Gates*. S'accepter, misez sur ses atouts, améliorez son image de soi, un peu vorace que vous êtes en désirant plus. Vous pouvez maintenant vous mettre au travail ou à persister dans les efforts pour accomplir ce que vous avez comme ambitions tout en conservant ses trois éléments précédents, achevez et atteignez vos buts encore une fois, ça n'est pas un péché ! Pour l'exemple de Sabine qui poursuit : je devais finir mes études académiques rappelez-vous que j'étais à la Mercie de monsieur chaos au quotidien alors je m'étais décidée de faire un exploit selon lequel un paria ne pouvait pas pour la plupart d'avis. J'ai bossé durement à la fin j'ai eu mon diplôme avec mention et j'ai finis première de ma promotion. N'est-ce pas génial ? Oui, je le sais. Encore une fois c'est POSSIBLE, les détails sont à découvrir et je vous y amène, progressons ensemble.

Ceux qui réussissent

Il y a une base solide pour obtenir tout ce que vous désirez, la paix majeure y comprise. Ceci est un extrait du livre RDV au sommet (par ***Zig Ziglar***) que je vous recommande à tout prix de lire un de ce jour. Son livre établit la base que sont **le caractère**, **la foi**, **l'intégrité**, **la loyauté** et **l'honnêteté**, vous pouvez tout avoir. La paix c'est la prospérité, qui dit paix majeure égale prospérité majeure. Je vais vous éclaircir d'une manière conceptuelle ce que réellement peuvent signifier chacune de ces différentes composantes de la base établie par Zig dans les lignes suivantes :

1) **Le caractère** :

Le caractère se définit comme étant la manière dont vous menacez ceux qui ne peuvent rien faire pour vous. Celui qui ne peut rien faire pour vous c'est monsieur chaos et sa bande. Ne vous fiez à aucun de ses jeux de rôles, motivez-vous chaque fois à devenir meilleur chaque jour sur le chemin vers votre paix majeure.

Le processus dit qu'en semant une habitude, vous moissonnerez un caractère, et en semant un caractère, vous moissonnerez une destinée. Je sais que vous savez maintenant pour bénéficier d'une paix majeure, c'est de quelles habitudes dont il s'agit. Par ailleurs, ne vous inquiétez pas, dans le prochain chapitre j'approfondis davantage, merci de continuer.

2) **La foi** :

a) La foi est une ferme assurance des choses qu'on espère, une démonstration de celles qu'on ne voit pas ***(Hébreux 11 :1)****.*

b) *La foi est un état d'esprit que l'on acquiert en affirmant ou en répétant des instructions au subconscient, qui joue un grand rôle dans la concrétisation du désir, par le principe de l'autosuggestion.* ***Napoléon Hill***

Possédez la foi, vous obtiendrez un témoignage favorable au sujet de votre paix majeure, vous voyez un peu le pouvoir de la foi ? La paix dans le monde serait totalement possible si chacun de nous en avait juste un grain de foi en elle.

3) **L'honnêteté** :

« L'honnêteté est le premier chapitre du livre de la sagesse. » ***Thomas Jefferson.***

Est honnête celui qui est bienséant, qui est vrai, qui n'est pas duplice envers soi, et envers les autres. L'honnête refuse de parler du mal d'un autre en son absence, il s'adresse à la personne qu'il faut sur ce qu'il faut, il sait tenir sa parole, il paie ses dettes, il ne cherche pas à impressionner les autres. L'honnête à la crainte de Dieu, car c'est le commencement de la sagesse. Un exemple de l'honnêteté dans la Bible (qui est le livre le plus vendu de tout le temps) s'illustre dans l'histoire de la femme qui a refusé qu'on tranche à deux, l'enfant dont elle s'est disputée avec sa convive devant la cour royale du roi Salomon. La Sagesse reconnue la sagesse, elle fût rétablie dans ses droits de mère. Soyez honnête, et personne ne vous privera de vos droits d'une paix majeure.

4) **L'intégrité** :

L'intégrité est la probité d'être irréprochable. Tout homme est reprochable c'est trop demander à un humain de ne pas faillir par moment, vous devrez certainement vous le dire. Pour votre paix majeure, c'est votre propre conscience votre premier juge ici ce n'est pas ton psychologue, ni ton patron, ni tes enfants, ni ton entourage, ni ton mentor encore moins le monde entier. L'intégrité dont j'aimerais vous parler c'est un engagement de bonne conscience envers les autres et envers soi-même.

5) **La loyauté** :

La loyauté est la fidélité à tenir parole, à faire honneur à ses engagements. Vous avez décidé et promis de célébrer par exemple votre anniversaire un de ces *week-end* avec vos proches. Vous tiendrez parole certainement même s'il vous faut vous y donner à bras le corps pour le réaliser. J'ai moi-même vendu des objets pour des événements semblables, chose que je n'encourage pas. C'est pourquoi réfléchissez à sept fois avant de donner une parole, de soutenir une personne, etc. Vous réalisez même que certains empruntent pour tenir parole. Quand vous vous engagez pour le chemin de la paix majeure, vous devez être prêt à tenir parole, à faire honneur à vos engagements envers vous (comme s'accepter, améliorer ses atouts et les exploiter, avoir une bonne image de soi et même à accomplir quelque chose avec grandeur parmi vos objectifs) et envers les autres.

CONSOLIDER VOTRE PAIX MAJEURE

« Le plus dur est de faire la différence, ensuite de gérer son avance. » Apôtre LMK

Dans le moindre centimètre parcouru

Le deuxième objectif revient à consolider votre paix majeure une fois atteint. Toute stratégie poursuit deux objectifs, le positionnement stratégique et les responsabilités sociales et environnementales, les experts ne me diront pas que j'ai tort. Une paix majeure atteinte en soi est un positionnement stratégique sur le plan à la fois psychologique, mentale, spirituelle sur la cruauté gratuite, sur les messieurs chaos dans ce champ de batailles, vous transcendez les limites préétablies de paix, de bien être, de joie, d'épanouissement et de prospérité de l'état initial.

Vous avez atteint un pic dans votre paix intérieure, pour que la courbe du chemin effectué ne baisse vous devez continuer de grandir chaque jour *dans le moindre centimètre parcouru*, répéter les mêmes habitudes, plus on monte sur un arbre plus on voit au-delà de ce qu'on voyait. Une paix majeure réside sur le fait d'élargir constamment son horizon.

Dans la peau d'une autre

Pour mieux illustrer ce que je veux vous faire comprendre, nous allons nous fondre *dans la peau d'une autre* comme ce fût le cas d'un personnage dans un feuilleton dramatique télévisé.

Fondez-vous dans la pensée d'un sportif professionnel au sommet de sa forme remportant son premier soulier d'or, voudriez-vous vous arrêter ou vous essayerez à continuer de reproduire l'exploit la saison prochaine ? N'oubliez pas que ça vous a rapporté un gros contrat, des nouveaux sponsors et bien plus de confort. Arrêteriez-vous vraiment en ayant en vous la recette et la méthode d'un tel succès ? Non, je ne pense pas. La paix majeure égale prospérité majeure et plus ça dure mieux ç'est.

Mettez-vous encore dans la peau d'un artiste musicien qui vient de sortir son premier album, qui connait un succès planétaire avec des dates de tournée presque dans le monde entier, ayant eu un tel impact dans votre carrière stopperiez-vous tout de suite pendant que le public en demande encore ? Beaucoup vous admireriez et aimeraient être à votre place voir simplement à vos côtés. Quelques albums de plus ne seraient pas de trop parce qu'en vous se trouve le talent, la recette et la méthode de ce grand succès. Vous créerez une marque. Consolider sa paix majeure revient aussi à en faire une marque c'est-à-dire dès lorsqu'on parle de vous que l'on ressort tous ces éléments énumérer ci-haut, la sérénité à large spectre.

Dans votre propre peau

« Pendant qu'une personne hésite par ce qu'il se sent inférieure, une autre est occupée à faire des erreurs, à apprendre d'elles et devenant supérieure » John C. Maxwell

Un film d'animation m'aide à m'introduire, ce qu'un bon moment j'y ai pensé vraiment ; et il me semble important de vous en parlez dans cette section. Pour un petit synopsis, cette histoire raconte la vie d'une peluche qui n'avait pas trouvé des acheteurs dans un grand centre commercial, alors ni même pendant les grandes soldes. Arrivé à la fin de la saison, elle fût transférée dans un petit magasin assez lointain au beau milieu d'une petite ville des États-Unis. Là encore avec les autres jouets invendus, ils ne baissèrent pas les bras dans leur quête de se trouver des enfants qui voudraient d'eux ; sauf quelques-uns qui s'étaient vu aider par la petite peluche invendue du grand centre commerciale. Enfin, il se demanda un jour pourquoi n'avait-il pas trouvé des enfants qui pouvaient vouloir l'acheter. Il tomba sur un miroir, la peluche découvrit qu'il avait le sourire inversé c'est pourquoi personne ne lui avait préféré. L'un des vieux jouets l'expliqua que c'était dû à un *défaut de fabrication* provenant de la chaine de production de la manufacture qui fabriquait les modèles de la peluche. Il comprit ce jour-là, qu'un défaut dont il n'était pas à l'origine lui a coûté le mépris, le rejet, l'abandon. Il s'était battu encore et encore aucun enfant n'a voulu de lui, hélas ! Jusqu'à ce le vieux propriétaire de la boutique décida de prendre sa retraite et de garder ses invendus dans sa maison au premier étage dans son domicile, où il répara le sourire de la petite peluche et il en fit cadeau à son petit-fils le jour de la célébration de la nativité. La peluche avait finalement réalisé son ambition majeure et connu son destin.

Le point commun de tous les humains est les plaintes de l'âme, autrement dit les afflictions, est-ce votre défaut de fabrication ? À vous de répondre. Les blessures intérieures ne permettent à personne d'avancer dans la vie ou de s'épanouir, de réaliser ses ambitions à cause des messieurs chaos, pensez-vous que tel est votre destin ? La cruauté gratuite est réelle même celle qui est induite même à cause d'un défaut de fabrication semble-t-il, mais n'oubliez pas que *la différence n'est pas un défaut et ici il s'agit pas d'un, mais un point commun de tout humain*. Vous devez constater que la peluche ne se plaignait pas de ce qu'il n'avait pas souhaité pour lui, même pas dans un rêve sombre.

De plus en aucun jour, mon chat Lopez s'était plaint pour avoir eu le bassin cassé pendant six mois durant, il se trainait jour après jour jusqu'à ce qu'il se rééduqua et reprit la pleine forme. La morale est que pour consolider une Paix Majeure, considérez-vous toujours heureux comme affligé d'une quelconque manière ; par ce que vous serez toujours consolé d'une certaine manière. Continuez d'apprendre en toutes choses, dans ce chemin vers la paix majeure ; considérez-vous toujours heureux, positif parce que tant qu'il vous arrive une affliction majeure ; ce qu'il se trouve en route pour vous une consolation majeure qui sera nouvelle, certainement que vous l'apprécierait. Comme la peluche était un foutu parmi ses semblables (son affliction), elle avait fini par concrétiser son rêve, un sourire normal et une famille (sa consolation). En vous, il y a toutes les raisons d'être heureux, de créer votre bonheur et le moyen le plus court est de rendre d'abord les autres heureux. Cette fois Votre Paix Majeure est en chemin vers vous ! Mais toi aussi ne t'arrête pas, alors continuons.

Voici une des publications de John Addison concernant Mission Leadership, il dit ceci : « Chaque personne qui a fait avancer ce monde est un individu défectueux. Ils portaient le doute, et leur jugement n'était pas aperçu. Mêmes les gens les plus courageux, les plus confiants ont foirés.

Pourquoi ? Pourquoi ? Par ce qu'ils étaient humains.

Nous sommes tellement habitués à voir les choses d'une façon ou d'une autre que nous oublions que chaque personne impliquée est un humain avec des pensées et des sentiments complexes. Mêmes des personnes défectueuses comme vous et moi pouvons faire une différence dans ce monde. »

DEVENIR UNE SOURCE DE PAIX POUR LES AUTRES

Système Solaire, un système majeur

Le soleil est une étoile, un corps céleste gazeux qui subsiste grâce des réactions photochimiques en chaine en régime continu et il émet de la lumière. Son activité génère un champ de forces gravitationnelles dans son périmètre et il y effectue une attraction de sorte qu'un système se forme dans ses alentours et tous les autres corps célestes emprisonnés dans son champ subsistent grâce à lui, à l'instar de la vie sur terre. Un soir, en compagnie de mes amis Rogue et Arthur, nous sommes allés rendre visite à un de leurs camarades, Joe qui était en ce moment-là cadre dans une très grande entreprise d'import-export. Au cours de nos échanges, sur l'intelligence financière et les idées d'investissement et d'épargne. Il m'inspirait tellement, jusqu'à ce qu'il nous fit part de son témoignage personnel ensuite il rajouta avec une très grande émotion dans sa voix en disant : « les hommes forts créent des temps faciles, et des hommes faibles créent des temps difficiles. » résolument, quand on est un jouisseur tout-court on demeure un dépendant, souvenez-vous que la chose la plus humiliante de l'homme c'est la dépendance. Devenez plutôt un soleil, créez des temps faciles pour les autres et pour vous-même. Pourquoi devenir un soleil ? C'est l'un des exemples le plus réel et idéal dans l'univers ou dans la nature sur un équilibre perpétuel. Remarquez encore, que le soleil permet à la terre de vivre, grâce à la photosynthèse des autotrophes c'est-à-dire les plantes, qui produisent de l'oxygène et réduisent le gaz carbonique qui rend la vie possible sur terre. Malgré son hégémonie, le soleil laisse à Jupiter un moyen d'exercer son influence attractive sur d'autres satellites alors qu'il est le tout-puissant du système solaire en fait il s'allège la tâche et il crée des petits autour de lui, en faisant coexister des sphères. Pour la planète Terre d'avoir sa lune comme satellite par exemple, le soleil crée des temps faciles dans son système, il se fait suppléer par les planètes qui l'entoure de se charger d'autres satellites. Une paix majeure est un système moral, familial, social que vous devez créer pour vous sans compromettre l'aptitude des autres à créer la leur. C'est à cette faculté qu'une paix majeure se mesure en devenant en soi *un système majeur*. Fabuleux ! Et c'est tout à toi.

RESUME

- ✓ Commencez par vous acceptez, VOUS ! tel que vous êtes un humain ordinaire sur plus de sept milliards, pas riche, pas fort en langues ou pas athlétique, ou en maths par exemple, de vie aisée, issue d'une bonne famille ayant des excellentes valeurs morales, etc. Atteindre une paix majeure passe d'abord par le fait de vous accepter en premier.
- ✓ S'accepter et considérer ses différences comme des atouts en travaillant dessus vous ouvrent le sentier de la bonne image de soi. Ne permettez plus à aucun monsieur chaos de rependre son venin sur vous, acceptez-vous et misez sur vos atouts, s'il vous plait ! montrez-vous s'il existe un meilleur dans le jeu d'avoir une bonne image de soi, c'est VOUS !
- ✓ Mettez-vous à accomplir quelque chose de grand dès à présent. **S'accepter, misez sur ses atouts, améliorez son image de soi,** vous pouvez maintenant vous mettre au travail ou à persister dans les efforts pour accomplir ce que vous avez comme ambitions tout en conservant ses trois éléments précédents, achevez et atteignez vos buts pour ***avoir une haute opinion de soi***.
- ✓ Zig Ziglar a établi la base que sont **le caractère, la foi, l'intégrité, la loyauté** et **l'honnêteté**, grâce à laquelle vous pouvez tout avoir. La paix majeure y comprise n'oubliez pas, la paix c'est la prospérité, qui dit paix majeure égale prospérité majeure.

- ✓ Le caractère se définit comme étant la manière dont vous traitez ceux qui ne peuvent rien faire pour vous. Celui qui ne peut rien faire pour vous c'est monsieur chaos et sa bande.
- ✓ La foi est une ferme assurance des choses qu'on espère, une démonstration de celles qu'on ne voit pas (Hébreux 11 :1). Possédez la foi, vous obtiendrez un témoignage favorable au sujet de votre paix majeure.
- ✓ Est honnête celui qui est bienséant, qui est vrai, qui n'est pas duplice envers soi, et envers les autres. L'honnête refuse de parler du mal d'un autre en son absence, il s'adresse à la personne qu'il faut sur ce qu'il faut, il sait tenir sa parole, il paie ses dettes, il ne cherche pas à impressionner les autres. Soyez honnête, et personne ne vous privera de vos droits d'une paix majeure.
- ✓ Pour votre paix majeure, c'est votre propre conscience votre premier juge ici ce n'est pas votre psychologue, ni votre patron, ni vos enfants, ni votre entourage, ni votre pasteur encore moins le monde entier. L'intégrité dont j'aimerais vous challenger, c'est un engagement de bonne conscience envers les autres et envers soi-même.
- ✓ Quand vous vous engagez pour le chemin de la paix majeure, vous devez être prêt à tenir parole, à faire honneur à vos engagements envers vous comme s'accepter, améliorer ses atouts et les exploiter, avoir une bonne image de soi et même à accomplir quelque chose avec grandeur parmi vos objectifs et envers les autres.
- ✓ Une paix majeure atteinte en soi est un positionnement stratégique sur le plan à la fois psychologique, mentale, spirituelle sur la cruauté gratuite, sur les messieurs chaos dans ce champ de batailles, vous transcendez les limites préétablies de paix, de bien être, de joie, d'épanouissement et de prospérité de l'état initial.
- ✓ Vous avez atteint un pic dans votre paix intérieure, pour que la courbe du chemin effectué ne baisse vous devez continuer de grandir chaque jour *dans le moindre*

centimètre parcouru, répéter les mêmes habitudes, plus on monte sur un arbre plus on voit au-delà de ce qu'on voyait.

- ✓ Consolider sa paix majeure revient aussi à en faire une marque c'est-à-dire dès lorsqu'on parle de vous que l'on ressort tous ces éléments notamment **s'accepter**, **améliorer ses atouts et les exploiter**, **avoir une bonne image de soi** et même à **accomplir quelque chose avec grandeur**, en gros votre marque, la sérénité à large spectre.
- ✓ Continuez d'apprendre en toutes choses, dans ce chemin vers la paix majeure ; considérez-vous toujours heureux, positif par ce que tant qu'il vous arrive une affliction majeure ; ce qu'il se trouve en route pour vous une consolation majeure qui sera nouvelle, certainement que vous l'apprécierait.
- ✓ Une paix majeure est un système moral, familial, social que vous devez créer pour vous sans compromettre l'aptitude des autres à créer la leur. C'est à cette faculté qu'une paix majeure se mesure en devenant en soi *un système majeur*.

PARTIE 2

Chapitre 3 : Où se localise une paix majeure ?

- **Vibrer des spectres d'une paix majeure**
- **Localisez votre région spectrale**
- **Les Lois d'un *système de paix majeure.***

CHAPITRE 3 : OU SE LOCALISE UNE PAIX MAJEURE ?

COMMENT VIBRER DES SPECTRES D'UNE PAIX MAJEURE ?

Un soir chez commandant Magloire

A peine de retour à la capitale après avoir passé du temps en compagnie de ma petite famille en province, je me suis mis à apprendre sur bien de sujets tel que le développement personnel, l'intelligence financière, la spiritualité et la lecture de romans, sur l'écriture aussi ; depuis que mon frère en écrivait un sur *whatpad*[1] et qu'il avait été sélectionné pour un concours national d'écriture. Alors, moi et mon pote Jonathan qui m'avait accueilli à mon retour et toute notre bande d'amis en commun aviateurs comme Québec. Il y en avait un qui était pilote de ligne qui se faisait rare dû à ses horaires de service. Avec Jonathan nous nous rendons chez lui un soir de weekend sachant qu'il devait y être avant que nous nous séparons pour ce soir.

Comme à tous mes premiers contacts avec des gens dont j'attends parler j'étais attentif à ses dires, ses faits et gestes. A ma grande surprise, il lisait aussi quelques mêmes auteurs que moi. Nous nous sommes mis à échanger plutôt familièrement jusqu'à ce qu'il commença à nous prodiguer des conseils sur les finances, la carrière, ses expériences de vie ; chose que j'ai toujours apprécié. Mais, voici ce que j'ai capté en clair *un soir chez commandant Magloire* : « ***On attire que ce l'on vibre.*** »

Vibrez médiocre, attirez médiocre ; vibrez excellence, attirez excellence ; vibrez paix, attirez paix ; vibrez la guerre, attirez la guerre ; vibrez violence, attirez violence ; vibrez échec, attirez échec ; vibrez réussite, attirez réussite ; ***vibrez paix majeure, attirez paix majeure*** ! Ma question est : **Qu'est-ce que tu vibres** ?

Dans les lignes qui suivent se trouvent comment maintenant vous pouvez vibrez les spectres d'une paix majeure contre toute attente; restez connecté ! Elle est déjà votre.

Vous êtes un système majeur

Comme le soleil, les humains tissent autour d'eux un système formidable ; la **société**. Parmi elles, il y en a qui sont plus prospère que d'autres en l'occurrence nous avons de pays développés, émergents et ceux qui sont en voie de développement. Chacun de ses êtres ont en leurs matériels génétiques les mêmes nombres de chromosomes que tout le reste. N'est-ce pas ? Vous me direz c'est exact !

Toute réussite est fonction du plan que vous établissez, même pour une paix majeure. N'oublies pas ***fail to plan is plan to fail.*** Encore une fois j'en tiens à mon illustration, une société dite développée ne l'est pas grâce à une quelconque loterie, dans ce jeu personne ne gagne en désordre. *Comment garder le bon cap vers la quête du trésor, quand premièrement vous n'avez aucune carte*?

Vous êtes un système majeur par ce qu'en plus de tisser un système, vous planifiez d'ors et déjà à devenir ce système majeure de paix imprenable en vibrant les bons spectres. Ce livre est la carte que vous disposez ajuster bien la voile, car ce trésor est à vous !

Direction de propagation

Je nous parle de spectre, par ce que vous êtes une étoile, une lumière. Une lumière émet des rayonnements, qui sont des vibrations. Un jour, en cours un de nos professeurs à la fac nous a défini une vibration comme un étant un mouvement de va et vient. C'est clair ? Pas vraiment… je m'en doutais ; voici alors une autre définition à la hauteur de votre attente, une onde électromagnétique ou un rayonnement lumineux, est *une combinaison* d'une **composante** électrique et d'une **autre composante** magnétique qui *oscillent* perpendiculairement vers la ***direction de propagation***. N'oublies pas que la lumière appelle la lumière mais aussi la lumière éclaire les ténèbres jusqu'à les chasser comme nous l'illustre le lever du soleil.

S'agissant de votre paix majeure reformulons ensemble, les rayonnements d'une paix majeure que vous vibrez maintenant est *une combinaison* de ***s'accepter**, d'**améliorer ses atouts et de les exploiter**, d'**avoir une bonne image de soi*** et **d'*accomplir quelque chose de grand ou avec grandeur*** ; en se servant *de la base que sont le **caractère**, **la foi**, l'**intégrité**, la **loyauté** et l'**honnêteté**, grâce à laquelle vous pouvez tout avoir* que vous mettez en phase dans vos pensées, vos paroles et vos actes vers la ***direction de propagation***.

La direction de propagation j'en reviens, c'est d'abord VOUS. Vous vibrez en pensées, en paroles et en actes cette combinaison et vous vous attirez votre paix majeure comme c'est déjà le cas. Voici une anecdote pour vous ; un jour au boulot mon chef direct, *quality assurance manager* monsieur *Solanki* au cours de son meeting hebdomadaire m'adressa ces mots que je n'oublie jamais : « ***Work hard, it's your IMPACT*** ! » ça vaut de même pour ta paix majeure, les temps sont souvent durs et toi deviens un dur, qui travaille sur elle, ça sera ton impact en tant que lumière, parce que tu attireras d'autres lumières et tes luminaires, en plus tu éclaireras les ténèbres des autres. N'oublies pas la paix majeure se dirige là où on la réclame alors deviens VORACE !

La direction de propagation, c'est aussi les autres qui vibrent déjà comme vous et ceux qui sont encore dans les ténèbres de cruauté gratuite voire induite ou encore à mi-parcours c'est-à-dire une paix médiocre. Excellent, parce que ça tombe bien. J'ai un jour entendu parler d'un sujet ; le voici : un grand ne regarde en bas que pour relever les autres et non pour redevenir petit lui-même. Si c'est pour vous une direction de propagation alors vous avez déjà votre feuille de route, faites-en bon usage.

LOCALISEZ VOTRE REGION SPECTRALE

Une paix majeure est un système moral, familial, sociétal que vous créez pour vous sans compromettre l'aptitude des autres à créer la leur. Je sais qu'après un énoncé comme ceci, vous avez déjà une idée sur la région spectrale qui vous intéresse le plus en ce moment et que vous devez en faire une priorité avant les autres puis maintenant... vibrez!

En le faisant, je vous prie faites-le pleinement car une chose est sûre vous serez sans regret!

Là-dessus je vais vous parler d'un ami que j'ai perdu il y a quelques années passées, Dan souffrait d'une maladie chronique génétique qui lui empêcha d'avoir une enfance normale, une adolescence normale, une jeunesse normale, il avait même subi une opération du cœur à 3 ans d'âge. Malgré son état, une de choses que j'ai hérité de lui sa force intérieure, sa positivité, il me parlait du futur heureux qui nous attendait après la fac, il rêvait d'être cinéaste, son énergie m'avait été communiqué, je devins comme lui un vivant joyeux et reconnaissant de l'être. Un drame survenu sa maladie lui emporta fin de fin, et le plus touchant nous apprirent qu'il était malade seulement après sa mort. Et ceux qui le connaissait le moins pleurèrent à chaudes larmes et pas moi je n'avais pas de regret au sujet de sa disparition par ce que nous vécurent ensemble pleinement dans nos hauts et nos bas, il nous quitta tôt mais je l'ai vécu comme un accomplissement pour lui en moi; et que je devais continuer à prendre soin de mon héritage qu'il me légua, vivre pleinement pour n'avoir aucun regret. Et le regret ne changera pas le passé. Retenez qu'en le faisant comme tel, vous vous concentrez et devenez un *laser-point focused*. Quoi de plus meilleur, en termes de vibration dans votre région spectrale désignée. Comparativement au soleil, qui vibrent toutes les régions à la fois sans se préoccuper des zones d'ombres, des nuages ou du temps et de saisons. Votre système de paix majeure vous offre un effet de levier indépendamment de votre espérance de vie, de votre état de santé, religion, poste au boulot, etc. Et vous avez le choix sur vos objectifs principaux, dont votre région spectrale est de le faire pleinement suivant votre direction de propagation, afin de constituer réellement un système majeur, dont le soleil que vous êtes transmute en laser en temps voulu. Un effet de levier que vous possédez maintenant.

Les Lois d'un système de paix majeure

Bien avant de procéder à donner les lois majeures qui régissent la paix Majeure tant précieuse aux yeux de tous, je décide de faire une discussion préalable, sur les quelques lois naturelles qui existent, qui sont souvent reconnues par tous ou juste par ceux qui les croient mais qui marchent car elles sont naturelles je précise une seconde fois.

La loi du Karma

Dans plusieurs religions orientales, cycle des causes et des conséquences lié à l'existence des êtres sensibles. Cette explication de cette loi est tout à fait clair, cependant, son explication comme j'apprécierais la présenter se trouve dans cette citation: « **Le Karma est une expérience, et une expérience crée une mémoire, une mémoire crée une imagination et le désir, le désir recrée le Karma encore. Si j'achète une tasse de café, c'est le Karma. J'ai maintenant le souvenir que ça a pu me donner le potentiel désir de prendre un cappuccino, et je m'en vais chez *Starbucks*, et on y trouve le Karma partout » *Deepak Chopra*.**

La loi de semailles et de la moisson

Il existe trois manières de semer en chaque être humain, dont les différentes semailles sont la pensée, la parole et l'action. Je puise la définition de cette loi dans un texte biblique qui stipule : "*Ce qu'un homme aura semé, il le moissonnera aussi.*" Qui sème le bien récoltera le bien et le Semeur du mal récoltera le mal aussi. Or, tant que tu vivras cette loi subsistera.

La troisième loi de Newton

Une des trois lois qu'a énoncée Newton en 1686 dans son ouvrage *Philosophiae Naturalis Principia Mathematica*. Oui, la physique est la science qui étudie la nature, quoi de plus logique de recourir à Isaac Newton Sir. En effet, cette loi j'en parle à cause de mon professeur avec qui je collabore comme assistant. Il ne croit appartenir à aucune religion, sauf en tant que scientifique pour sa bonne conduite, il enseignait justement la troisième loi de Newton ce que beaucoup s'y retrouveront, déjà en train de l'appliquer sans pour autant savoir que c'est une loi scientifique, pour d'autres vous êtes en train de la découvrir, elle est une option viable que vous apprécierez aussi.

La loi stipule que: «A toute action correspond une réaction égale ou opposée », observez bien, le professeur n'applique que cette loi d'une phrase et il en est satisfait il en sera aussi de votre. Une bonne action fera naître pour vous une bonne en retour, une mauvaise pour une mauvaise en retour et le tout ce que, c'est inévitable car la nature s'en charge elle-même. En ne faisant que le mal même pas tu te méfies ?

En effet, le karma existe, la loi de la semaille et de la moisson subsiste et la troisième loi de Newton marche mais pour ceux qui veulent une paix majeure voici les lois qui vous mènera à l'atteindre. Continuez votre Conquête de l'état final.

Les Lois d'un système de paix majeure: La genèse

En ce qu'il s'agit des lois de paix majeure que nous allons découvrir ensemble, ces lois empiriques existent bien avant mais modélisées pour vous dans ce livre comme un chemin vers votre état final de paix majeure, souvenez-vous de la carte, étant donné que vous êtes en voyage, ouvrez juste votre cœur et recevez-le, C'est partie!

Il était un soir chez Hyacinthe, un gars que j'ai côtoyé à StanleyVille[2] artiste musicien, penseur et jeune homme d'affaires dans le domaine de la distribution. Avec sa guitare en main, dans une ambiance citadine en pleine soirée dans un carrefour en plein centre-ville aux paysages moderne et à la fois rustique, il se faisait un peu tard ce soir-là dans son agence où quelques derniers clients se ravitailler en crédits et autres services de télécommunications. Après, une légère accalmie de l'entrée des clients il se mit à raconter une histoire sur le pourquoi et comment un homme lambda qui gagne au loto, et devient riche et ensuite quelques jours plus tard redevenait pauvre?

Il poursuit en faisant mention autrement, sur comment celui qui commence difficilement une affaire ensuite prospère et finit par devenir fort riche? Essayez-vous même de répondre à ses deux questions, si vous y répondez alors vous détenez la carte pour l'état final de paix majeure. Cependant, il est clair que celui qui a gagné au loto était bien parti renchérit-il. Alors voici comment sont engendrées les **lois d'une paix Majeure**.

Les Lois d'un système de paix majeure: L'illustration

Ces anecdotes sont racontés exprès, pour montrer combien le hasard n'existe pas même dans notre quotidien, toutes les forces agissent pour maintenir ces lois qu'on va énoncer en application quel que soit la taille de notre foi en elles. Par ailleurs ça se déroule en 2007, la marque américaine Motorola[3] sort un modèle qui fit rage à l'époque ainsi ma mère, ne cacha pas son désir de l'avoir, où qu'elle le voyait elle ne manquait de dire qu'elle voulait ce modèle-là, sans en avoir même le moyen au préalable je vous précise, ni comment en avoir vu le coût de l'appareil. Tellement qu'elle désirait fortement le téléphone en question, un soir ça sonnait au téléphone c'était une grande sœur de Londres qui nous avait fait un colis, qu'elle nous surprit agréablement. Et devinez quoi? Dans le colis se trouvait des sucreries délicieux en plus, le modèle de la marque que ma mère désirait, il y en avait trois tout neufs. Elle riait et d'un air ravis et nous dit je vous avais dit que je l'aurai, il y en a même trois! N'est-ce pas étonnant? On attire que ce que l'on vibre, or une vibration est un mouvement de va et vient. Ce mouvement de va et vient qu'avait expérimenté ma mère, était en acte, en pensée et en parole, elle a pu faire propagée son désir que quelqu'un s'était chargé de souffler sans qu'elle ne sache à la sœur de Londres de lui faire une surprise, en retour elle a reçu pas un mais trois téléphones ! De quoi pour dire juste pour rire un pour ses pensées, un pour ses paroles et un dernier pour ses actions qu'elle ne cessait de répéter. Une fois de plus l'avez-vous trouvé cette première loi? Continuez la chasse, vous l'avez déjà.

Une seconde illustration, le célèbre rappeur américain ex-mari de Kim Kardashian[4], Kanye West[5] avait fait faillite relativement dû aux risques que comprend le milieu des affaires et sa compagne avait créé une application dont les parts avaient été reversé à son ex-mari pour se relever, il s'est battu et au final. Vous connaissez la suite, il retrouvait sa position de riche bien mieux qu'avant. Il dit de lui-même être un gagnant! Et vous? Or, n'oubliez pas que la paix majeure n'est pas fonction de vos biens ou quoi que ce soit de matériels. Seulement, en devenant un gagnant en paix majeure et vous devenez un gagnant de bien plus.

Les Lois d'un système de paix majeure: La loi d'attraction

La première loi de paix majeure est la loi **d'attraction**, vous l'avez trouvé bien longtemps avant ou non? je crois que si pour beaucoup. On attire que ce que l'on vibre. Ça vous l'avez déjà compris. Mais je poursuis en ces termes, suivez attentivement, ça y est. **"On attire que ce pourquoi nous sommes prêt".**

N'oubliez pas que ma mère se sentait prête à avoir un tel modèle de téléphone et elle attira ce dernier, même le parieur aussi qui gagna des millions malgré qu'il les ait perdus après. Vous comprendrez plus bas pourquoi je fais mention de ça. Et comment on devient prêt pour actionner l'attraction de la paix Majeure voire de tout. Accrochez-vous, vous craquez les codes d'accès pour la paix majeure.

C'est quand on est fatigué d'une paix médiocre, prenable qu'on commence à vibrer pour attirer une paix majeure, fatiguez-vous dès maintenant de ce degré frugal de paix et vous sentirez combien intentionnellement vous commencerez à développer des vibrations inarrêtable de paix majeure. Ma mère s'était fatiguée d'un téléphone qui ne lui plaisait pas pour s'attirer ce qu'elle désirait, mentalement elle était devenue prête pour celui-là. Le parieur s'était fatigué de miser peu, de risquer une composition des petits intérêts pour celles des millions qu'il désirait en défiant les sciences mathématiques notamment la probabilité. Il s'y était préparé, de croire que c'est possible et qui risque rien n'a rien, **ceci pour toi n'est pas une invitation pour parier** ***mais à redéfinir ton état d'esprit sur ta paix majeure***, tu y es prêt parce que maintenant tu sais transcender la cruauté gratuite ou induite. En devenant, mentalement prêt pour attirer la paix majeure par un lassement total d'une paix médiocre. Défie les limites préétablies et élargie ta tente en paix majeure. De plus vous savez comment y arriver, poursuivez ainsi donc vous le méritez !

Les Lois d'un système de paix majeure: loi de la correspondance

La seconde loi est celle de la **correspondance,** elle est par définition une relation de conformité, cependant **est conforme ce qui satisfait aux exigences d'une ou plusieurs normes**. Quelles sont ces exigences ? Ce sont l'acceptation de soi, *d'**avoir une bonne image de soi*** et **d'*accomplir quelque chose de grand ou avec grandeur*** ; *et de la base que sont le **caractère, la foi**, l'**intégrité**, la **loyauté** et l'**honnêteté**.* Et voici une norme à laquelle vous devez faire beaucoup de cas, par ce qu'elle est conforme à la paix majeure je cite : pour **avoir sa paix**

majeure, il faut donner aux autres la leur en premier. En d'autres termes, acceptes les autres, ne prêtes pas d'intention aux autres, participer aux succès des autres, encouragez les autres soit motivez les autres à réussir même plus que vous, qui que ce soit voire ta femme, ton ami, ton enfant, ton parent, ton proche ou une inconnue et c'est ainsi qu'on apprend soi-même à réussir davantage, n'oubliez pas; fondez entre vous des liens résistant de caractère qui naît des bonnes habitudes, de foi, d'intégrité, de loyauté, et d'honnêteté en toutes les occasions possibles.

Par exemple, une jeune dame ou un jeune monsieur qui veut une relation honnête, fidèle en amour doit d'abord payer le même prix dans le couple pour se voir être récompensé par la pareille. Ceci regorge un sérieux avantage par ce que pour l'autre conjoint vous serez relevant puisque vous vibrerez haut au cas contraire il ou elle s'en ira puisque vous n'acceptez plus ces relations chaotiques comme étant celle ou celui de la paix majeure. **Le temps est précieux pour ceux de la paix majeure, faites la police d'assurance qualité de votre paix majeure. Dites non aux non-conformes dans ta vie, et qui veut y rester se doit d'être corrigé, au cas contraire jeté comme avarié.**

Ainsi, la *correspondance* reconnait cette évidence : ce que les gens sont envers nous est le reflet de ce que nous sommes envers eux.

Souvenez-vous de l'histoire de Hyacinthe, l'homme qui se débrouille et s'enrichit par ce qu'il fait correspondre ses actions, ses paroles et ses pensées à la réussite, la richesse. Le premier avait tout perdu parce qu'il a manqué de faire correspondre ses semences (pensées, actes et paroles) à la fortune, comme s'acheter des actifs qui en valent juste la peine, générer des revenus passifs et réduire ses dépenses liées à son style de vie pour faire croître ses bénéfices ce qui correspond à un état d'esprit de la vraie richesse au lieu à chercher de paraître riche, ce qui correspond à l'ennemi de la richesse. Il avait donc péché à l'une de ses deux lois de la paix majeure, or ce qui ne sera pas ton CAS! Car tu sais maintenant pratiquer l'attraction et la correspondance, dès maintenant pour votre paix majeure. En appliquant, **l'attraction en vibrant des spectres de la paix majeure combinée à la correspondance dans vos pensées, paroles et actions.**

Vous éliminez les vents contraires des messieurs chaos sur votre état final. Votre système devient imprenable et maintenant vous êtes inarrêtable!

RÉPÈTES avec moi ceci : dès aujourd'hui et maintenant j'attire la paix majeure et mes pensées, mes actions et mes paroles ne vont correspondre qu'à ma paix majeure!

Je suis inarrêtable! Ma paix majeure est imprenable !

RESUME

- « **On attire que ce l'on vibre.** » Vibrez médiocre, attirez médiocre ; vibrez excellence, attirez excellence ; vibrez paix, attirez paix ; vibrez la guerre, attirez la guerre ; vibrez violence, attirez violence ; vibrez échec, attirez échec ; vibrez réussite, attirez réussite ; ***vibrez paix majeure, attirez paix majeure*** ! Ma question est : **Qu'est-ce que tu vibres** ?
- **Vous êtes un système majeur** par ce qu'en plus de tisser un système, vous planifiez d'ors et déjà à devenir ce système majeure de paix imprenable en vibrant les bons spectres. Ce livre est la carte que vous disposez ajuster bien la voile, car ce trésor est à vous !
- Votre paix majeure reformulons ensemble, les rayonnements d'une paix majeure que vous vibrez maintenant est une combinaison de ***s'accepter****, d'****améliorer ses atouts et de les exploiter****, d'****avoir une bonne image de soi*** et **d'*accomplir quelque chose de grand ou avec grandeur*** ; *et de la base que sont le* ***caractère, la foi****, l'****intégrité****, la* ***loyauté*** *et*

*l'**honnêteté**, grâce à laquelle vous pouvez tout avoir* que vous mettez en phase dans vos pensées, vos paroles et vos actes dans la ***direction de propagation***.

- La direction de propagation j'en reviens, c'est d'abord VOUS. Vous vibrez en pensées, en paroles et en actes cette combinaison et vous vous attirez votre paix majeure comme c'est déjà le cas.
- « ***Work hard, it's your IMPACT*** ! » ça vaut de même pour ta paix majeure, travaille dûr sur elle, ça sera ton impact en tant que lumière, parce que tu attireras d'autres lumières et tes luminaires, en plus tu éclaireras les ténèbres des autres. N'oublie pas la paix majeure se dirige là où on la réclame alors deviens VORACE !
- Un grand ne regarde en bas que pour relever les autres et non pour redevenir petit lui-même. Si c'est pour vous une direction de propagation alors vous avez déjà votre feuille de route, faites-en bon usage !
- Vivre pleinement pour n'avoir aucun regret. Retenez qu'en le faisant comme tel, vous vous concentrez et devenez un *laser-point focused*. Quoi de plus meilleur, en termes de vibration dans votre région spectrale désignée. Comparativement au soleil, qui vibrent toutes les régions à la fois sans se préoccuper des zones d'ombres, des nuages ou du temps et de saisons. Votre système de paix majeure vous offre un effet de levier indépendamment de votre espérance de vie, de votre état de santé, religion, poste au boulot, etc.
- La première loi de paix majeure est la loi **d'attraction**. On attire que ce que l'on vibre. Ça vous l'avez déjà compris. Mais je poursuis en ces termes, suivez attentivement, ça y est. **"On attire que ce pourquoi nous sommes prêt".**
- C'est quand on est fatigué d'une paix médiocre, prenable qu'on commence à vibrer pour attirer une paix majeure, fatiguez-vous dès maintenant de ce degré frugal de paix et vous sentirez combien intentionnellement vous commencerez à développer des vibrations

inarrêtable de paix majeure. De plus vous savez maintenant comment y arriver, poursuivez-vous le méritez !

- La seconde loi est celle de la **correspondance,** elle est par définition une relation de conformité, cependant est conforme ce qui satisfait aux exigences d'une ou plusieurs normes. Quelles sont ces exigences ? Ce sont l'acceptation de soi, d'avoir une bonne image de soi et d'accomplir quelque chose de grand ou avec grandeur ; et de la base que sont le caractère, la foi, l'intégrité, la loyauté et l'honnêteté.
- Et voici une norme à laquelle vous devez faire beaucoup de cas, parce qu'elle est conforme à la paix majeure je cite : pour avoir sa paix majeure, il faut donner aux autres la leur en premier.
- En d'autres termes, accepte les autres, ne prête pas d'intention aux autres, participe aux succès des autres, encourage les autres soit motivé les autres à réussir même plus que toi qui que ce soit voire ta femme, ton ami, ton enfant, ton parent, ton proche ou une inconnue et c'est ainsi qu'on apprend soi-même à réussir davantage, fondez entre vous des liens résistant de caractère qui naît des bonnes habitudes, de foi, d'intégrité, de loyauté, et d'honnêteté en toutes les occasions possibles.
- Le temps est précieux pour ceux de la paix majeure, n'autorise plus les non conformes dans ta vie et qui veut y rester se doit d'être corrigé, au cas contraire jeté comme avarié. Faites le contrôle qualité de la paix car une paix majeure est surcotée pour être si accessible et si perturbable.

1. *Whatpad* :un réseau social où les utilisateurs inscrits peuvent éditer et partager des récits, poèmes, fan fictions, romans fantastiques, d'amour, policiers, nouvelles et articles en tout genre, en le rendant accessible en ligne ou sur une application mobile avec une possibilité de lecture hors connexion.

2. StanleyVille : Ville en République Démocratique du Congo.

3. Motorola Inc. : une entreprise américaine fondée en 1928, et scindée en deux en 2011.

4. Kim Kardashian : née le 21 octobre 1980 à Los Angeles, Californie, est une personnalité médiatique, socialiste, femme d'affaires, mannequin et actrice américaine d'origine arménienne.

5. Kanye West : né le 8 juin 1977 est un rappeur américain, chanteur, auteur compositeur, designer de mode.

Chapitre 4 : Ordonnancement, planning des tâches, intervenants de votre paix majeure

- **Pourquoi un ordonnancement du chemin vers une paix majeure en soi ?**
- **Quel est le planning de tâches d'une paix majeure en soi ?**
- **Quelles sont les parties prenantes d'une vie pleine de paix majeure en soi ?**

CHAPITRE 4 : ORDONNANCEMENT, PLANNING DES TACHES, INTERVENANTS DE VOTRE PAIX MAJEURE

« Savoir combien il y a à savoir est le début de l'apprentissage à vivre» Inconnu.

Pourquoi un ordonnancement du chemin vers une paix majeure en soi ?

Un ordonnancement est une préparation, et une organisation méthodique d'un processus. Or, n'oubliez pas que pour une paix majeure en soi vous êtes en pleine bataille et dans ce champ, personne ne gagne en désordre. En effet, une paix majeure est un processus qui vous crée un évènement. Cependant, la seule façon de la rendre imprenable est la consistance. Soyez une semaille, grandissez tous les jours ! Par ce que John C. Maxwell a dit ce que nous faisons un jour n'a rien d'exceptionnel mais ce que nous continuons de faire chaque jour c'est ce qui est exceptionnel! *« Nous sommes ce que nous répétons de faire, Ainsi l'excellence n'est pas un acte mais une habitude.»* ***Aristote.***

Les filières d'une paix majeure

Acceptation de soi

Où que vous désirez aller il existe toujours un point initial, où vous lancer le premier pas, c'est pourquoi l'état final de la paix Majeure a pour ligne de départ l'*acceptation de soi*. En décidant d'initier votre marche sur ce chemin, vous comprenez que vous êtes le seul capable de vous emmener où vous voulez grâce à vos moyens de déplacement qui sont ici la pensée, la parole et l'action. Vous avez été jusque-là mené à une paix médiocre parce que vous l'avez d'une manière ou d'une autre voulu. Puisque c'est la paix Majeure ou sa mise à jour que vous voulez maintenant alors vous le pouvez, tout jusque-là n'avait dépendu que de vous! Le reste de votre vie dès maintenant même devinez quoi? Ça ne dépendra que de vous encore!

En imitant l'état final, vous détruisez le chemin qui y mène en érodant la voie et ses issues ne seront que la stagnation dans le médiocre voire plus pire encore. Vous imitez l'état final en sautant des étapes requises. Comme l'acceptation de soi en est la première ne la sauter pas. Soyez responsable, scrupuleux et intentionnellement désireux de suivre les étapes du chemin. Ne soyez pas envieux ça vous rend inutilement complexé, ce que vous convoitez vous ne l'aurez jamais par ce qu'il est déjà pris mais ce que tu construis te rendras responsable et te sera imprenable !

Améliorer ses atouts et les exploiter

Soit changes tes rêves ou agrandis ton talent. Cette citation est l'une de plus haute en vibration sur l'amélioration de ses facultés et de leur utilisation, souviens-toi de *Chioma* dont le rêve était de réussir sa première année dans sa nouvelle école avec nous au collège. Sa contrainte était le cours de français, et son talent était l'anglais. Elle a bien fait de devenir la meilleure en anglais pour compenser sa faiblesse en français pour vivre son rêve à cette époque. Pour vivre la paix Majeure voici la deuxième étape, tu as des rêves ? Tu as un talent? Deviens meilleur en ce que tu as comme talent ce qui comprend un sacrifice, en bossant dur. Exploites le pour compenser un vide comme le manque d'appui, de confiance en soi, l'estime de soi et des autres, etc.; pour vivre ton rêve, ce qui est exceptionnel seulement que le début est dur et la suite sera un effet domino tu vas attirer ton rêve en devenant cette personne de rêve, ce que tu vas attirer compensera tes vides n'oublies pas ta différence n'est pas un défaut. Soit tu peux changer de rêve, car rien de grand n'est facile mais tout est possible, encore améliore toi et exploites-le. Tout ce que tu abandonneras sera perdu d'avance. On parlera de "Ton rêve" parce que tu ne l'abandonneras pas. Ne te plains pas apprends à utiliser les vents contraires pour avancer en ajustant constamment ta voile cher navigant sur la mer de la vie! *Chioma* en est un exemple, maintenant deviens cette continuité !

Dites ceci après moi : **POUR MES RÊVES LE DOUTE EST PLUS MORTEL QUE L'ÉCHEC!**

JE ME CONCENTRE SUR MES ATOUTS COMME UNE LOUPE JE LES AGRANDIS, CHOSE QUI RÉDUITS MES DOUTES, MES MONSIEURS CHAOS ET JE CRÉE MON IMPACT!

JE SUIS CONCENTRÉ COMME JAMAIS, MAINTENANT JE SUIS EN FEU!

Avoir une bonne image de soi

Tout débute et se termine dans ta pensée, ce dont à qui (ou à quoi) tu donnes le pouvoir, a un pouvoir sur toi seulement si tu le lui accordes! En acceptant le fait d'être la victime des messieurs chaos, vous lui conféré le pouvoir qu'il n'a pas sur vous. Retiens à jamais ceci: Ne donnes jamais à ton ennemi (tes pensées négatives, ou celles des messieurs chaos) le pouvoir qu'il n'a pas. Vous croisez sur votre chemin vers une paix majeure la cruauté gratuite ou induite, or sur ce chemin, *la seule personne que tu es destinée de devenir est celui que tu décides d'être.* ***Ralph Waldo Emerson.***

Ma question est: que décides-tu?

Quel est le genre de père, de frère, de sœur, d'époux, d'épouse, de patron, de businessman, de personne que tu veux être ? Pour la part de Sabine, elle a arrêté l'alcool, et la cigarette parce qu'à chaque fois qu'elle se saoulait, elle se donnait en spectacle. Or, à un moment ce n'était plus l'image qu'elle voulait d'elle-même comme fille d'une mère respectable, d'un père qui se battait jour et nuit pour elle, et surtout du genre de grande sœur pour sa cadette, elle a décidé de devenir celle qui ne boit plus et ne fume plus pour se concentrer sur sa passion et ses études ce qui lui réussit bien mieux que cette sale image de fille bonne qu'à picoler. Tu ne voudrais pas d'un soulard chez toi, et pourtant tu bois toi-même. Or, ceux de la paix majeure reconnaissent cette vérité dont la mère de Zig Ziglar dit un jour: « **montrez l'exemple vous n'aurez jamais à faire de règlements** ». N'est-ce pas vrai? Ceux de la paix Majeure savent qu'on ne guide pas par des discours, mais seulement par l'exemple en quoique ce soit dans la vie. Il y a quelqu'un que tu guides quelque part ou qui t'observe de loin. Or, une paix Majeure renforce l'aptitude des autres à créer la leur par l'***exemple***. Vous avez choisi ce chemin pour répandre le même germe!

Avoir une haute opinion de soi

Il s'agit ici de taire les opinions des messieurs chaos. Sortez du troupeau de la cruauté et du chaos où tous sont fatalistes et pessimistes; et suivez l'étoile de la paix Majeure, elle vous guidera! C'est pourquoi il te faut savoir dans ton agenda: que comptes-tu accomplir maintenant ? Dans une semaine ? Dans un mois? Dans une année ? Dans dix ans? Retenez que le but d'avoir des objectifs à long-terme est de vous éviter le stress c'est à dire la peur permanente de l'échec. *La plus grande peur de l'homme sur terre est la peur de l'échec* comme l'a dit un jour l'apôtre LMK. Et comment savoir que tu as ce que tu veux quand tu ne l'as jamais imaginé? Devenez intentionnel à ce que vous désirez. Un délai pour vos objectifs, vous aide à vous concentrer parce que même en fête ou en deuil par exemple vous saurez gérer votre attitude pour ne pas rater le coche. Ça vous épargne d'une journée, d'un mois ou d'une année vécu en brouillon.

Puisque *la vie n'a pas de brouillon*, vivez la pleinement en réalisant vos buts, et vous n'aurez aucun regret à chaque fin de journée, de mois ou d'année, d'un lustre voire d'une décennie.

L'habitude est une seconde nature, n'oubliez pas que *l'excellence n'est pas un acte mais une habitude*. À l'instar de ce livre, qui te parle explicitement d'une paix MAJEURE. Qui dit Majeure dit très Grand ! Parce qu'il transforme ta paix du moindre, du médiocre, du grand en paix très grande! Par ailleurs, John Maxwell dit qu'on n'atteint pas un lieu plus grand sans grandir vers cette plateforme, voilà pourquoi ce livre vous dispose ces étapes comme des marches pour atteindre la paix majeure, formidable. Faites de même pour vos objectifs visez très grand, et atteignez-le étape après étape suivant le bon timing. Imprimez-en un bon tempo!

Vous êtes dès la naissance dans un champ de bataille, **une compétition entre le-vous d'hier et le-vous de maintenant**. Par ailleurs, un jour j'ai lu un texte qui disait: si vous trouvez les années passées meilleures que votre présent ce que vous n'avancez pas... or, *qui n'avance pas, recule*, vous êtes de la paix majeure ne l'oubliez pas, préparez votre agenda et je vous promets après cet instant même, vous faites partie de ceux dont la vie est une pleine saison des belles réussites et non des nostalgies ou des regrets. En effet, après avoir écrit ce livre j'ai de quoi à avoir une haute opinion de moi-même. N'est-ce pas? Aurai-je tort? Je ne crois pas. C'est-à-dire vous n'aurez pas également tort à avoir une haute opinion de vous après votre bac, vos fiançailles, le diplôme de votre fils, le mariage de votre fille, votre premier million de dollars, votre entrée en bourse, l'ouverture de votre boutique, votre premier voyage d'affaires, votre premier livre, etc. Bien avant d'en parler je vous prie, faites-le d'abord. Comment parler de paix majeure tant que je ne l'aurais pas moi-même expérimenté ? Comment MJ Demarco[1] aurait parlé de *l'autoroute du millionnaire* sans qu'il ait roulé dessus avant? Comment LeBron James[2] serait le *King* de toute sa génération de la *NBA*[3] sans qu'il ait prouvé ? Ou Cristiano Ronaldo[4] comme le meilleur buteur de l'histoire de la *Champions League*[5] sans qu'il ait démontré ? Soit de Lionel Messi[6] ?

Ou encore de Chioma et Sabine pour l'histoire de chacune de ces héroïnes? Tu vois de quoi je te parle... Vous êtes sur ce terrain de bataille jusque-là parce que vous avez un avantage compétitif. Découvrez-le et exploitez-le! N'en parlez pas mais faites-le et vous n'aurez non plus tort d'en parler après. Reconnaissez juste qu'***en vrai est véritablement humble celui qui connait la gloire ou qui l'a connu et n'en fait pas un problème***.

Ceux qui réussissent

La réussite est la tranquillité d'esprit, laquelle est le résultat direct de l'autosatisfaction en sachant que vous avez fourni les efforts nécessaires pour devenir le meilleur dans ce que vous êtes capable de réaliser. *John Wooden*

Par ailleurs,

Vous perdez beaucoup d'opportunités à cause d'une faible estime de soi et de la timidité. J'ai lu une image dans laquelle il y avait ces mots et j'ai basculé dans une dimension de moi, instoppable pour une paix majeure imprenable.

Tes désirs d'atteindre tes objectifs, dans le sens d'arriver à l'état final d'une paix majeure en toi, et dans tes affaires sur une base qui te donnes accès à la plateforme de pleine réussite en toute chose doivent être enrobés des éléments ci-après; **le caractère, la foi, l'intégrité, la loyauté et l'honnêteté,** *vous pouvez tout avoir.*

Relis trois fois cette partie de texte en orange et ensuite lis ma question puis réponds à toi même à haute voix.

Ma question est: *quand t'as plus de limite, tu t'arrêtes où ?*

Donc, Crois-tu que tu peux tout avoir?

Alors t'as plus de limites.

Quel est le planning de tâches d'une paix majeure en soi ?

La paix majeure dans son état final, c'est visé très grand mais procédé étape après étape. *« Un planning bien dressé est un objectif à moitié atteint »* ***Zig Ziglar.***

Et dans ce contenu jusque-là vous disposez de comment vous pouvez à l'aide de la parole, vos pensées et vos actions d'un super moyen d'atteindre l'état final de ta paix majeure pour compléter son achèvement en soi et pour les autres.

Code	Nature de tâche	Durée	Relation de dépendance	Acteurs intervenants
1	Acceptation de soi	Chaque jour	-	Vous d'abord
2	**Améliorer ses atouts et les exploiter**	Chaque jour	1	Vous d'abord
3	Avoir une bonne image de soi	Chaque jour	2	Vous d'abord
4	Avoir une haute opinion de soi	Chaque jour	3	Vous d'abord

5	Se servir de la base de Ceux qui réussissent tout pour tout réussir à ton tour maintenant	Chaque jour	4	Vous et votre entourage

Quelles sont les parties prenantes d'une vie pleine de paix majeure en soi ?

Nous sommes la moyenne de cinq personnes que nous côtoyons chaque jour *Jim Rohn*. Le sais-tu ? Découvres les parties prenantes pour ta paix majeure dans son état final.

La venue de la pandémie covid-19 a montré qu'une mise à jour se devait également pour cette citation que je nous propose ci-contre : nous sommes à présent également la moyenne de contenus des pages que nous aimons sur Facebook, de personnes que nous suivons sur *Instagram*, de nos abonnements sur *tiktok*, de chaînes que nous suivons sur *youtube*, des livres que nous lisons, etc. Privilégies dans ce cas pour toi maintenant, celles qui te feront grandir chaque jour, et Ste maintiendront en situation de paix majeure.

En ce qui concerne les personnes réelles autour de nous j'en reviens, choisi dès cet instant ceux en qui tu trouves le potentiel de toute réussite. Car n'oublie pas que la réussite appelle la réussite.

En d'autres termes, entoures toi de ceux qui ont la même vision que toi pour conquérir le monde ensemble. Je sais que tu comprends, mais je vais t'éclairer encore plus. Tu sais que dans la vie la plus part des objectifs sont individuels, pour les atteindre bien s'entourer est indispensable, ainsi pour avoir un *squad* d'élite voici ce que je te propose quelques soient leurs rangs sociaux parce qu'on a toujours besoin de plus petit que soi dit-on. Sers-toi de la base de ceux qui réussissent tout comme critère c'est-à-dire refuse de perdre dans ton cercle une personne honnête, intègre, loyal, positif, qui incarne un bon caractère que tu apprécies. N'oublie pas, tu perds vite ce que tu considères comme un acquis. Alors chéris les relations que tu as comme si on allait te les reprendre la seconde d'après. Parce que **La réussite ne dépend pas de ce que tu connais mais de qui tu connais** *Steve Harvey.*

Vous avez finalement compris que pour votre état final de paix majeure, qu'il vous faut des parties prenantes, interne que vous êtes et externes que vous connaissez maintenant le genre qu'il vous faut dans votre voyage de la vie et *la vie c'est maintenant.* N'entendez plus, la paix majeure est à vous.

Par ailleurs, dans ce voyage et dans vos bagages merci de me laisser placé un détail spécial alors ne t'arrête pas. Je te présente une sortie secrète, la partie prenante Majeure puisque qu'on parle de ta paix majeure. Merci de poursuivre.

La partie prenante majeure : la sortie secrète, le by-pass de l'état final d'une paix majeure

À Toute attache, une séparation brutale ou douce ça finit par arriver, et aucune relation est à sens unique même pour la paix majeure, n'oubliez pas avant d'avoir la vôtre, vous devez donner aux autres leur paix d'abord.

Je te donne une sortie secrète mais la seule attache qui dure à jamais, qui t'apporte une paix imprenable. Seulement si tu disposes de la foi même en peu ça sera suffisant pour ce faire, elle est dénommée expressément une sortie secrète par ce que je sais que tous vous ne voudrez pas l'emprunter. Mais, pour ceux qui veulent s'en servir le voici, je vous le présente: « ***Attache-toi donc à Dieu, et tu auras la paix; Tu jouiras ainsi du bonheur »*** Un texte tiré de la Bible, l'unique attache sans séparation. Te souviens-tu du lion qui a payé le prix ? En vrai j'ai dit que ça commence par toi parce que tu dois d'abord t'attacher à lui, en effet, la sortie secrète stipule que ce n'est plus toi parce qu'il l'a déjà fait. Lis encore ce qui est encore dit à ce sujet pour toi: « ***Le châtiment qui nous donne la paix est tombé sur lui.*** » Fais de ton attache avec lui une priorité avant toute autre alors tu jouiras pleinement de la sortie secrète. De plus, toute cruauté envers toi est déjà tombée sur lui c'est à dire que nulle n'a encore ce droit de te priver la paix. Pense-le, confesse-le et vis-le chaque jour. N'oublie pas c'est la seule qui te fera jouir du bonheur à partir de cet instant le long du chemin vers l'état final de la paix majeure.

CONCLUSION : L'antidote pour foncer

Par ailleurs, beaucoup me sortiront que nul n'a vu la paix dans le monde et plusieurs n'y croient même pas ; je valide aucun de tous vos avis, parce que ce chemin réside sur le simple fait que vous lisez ce merveilleux livre, parvenez à saisir que c'est possible dans chaque être d'atteindre cet état ultime en soi, ou que vous soyez comme dans les îles caraïbes ou d'Indonésie, en plein hiver au nord de la Russie, aux États-Unis d'Amérique, en Europe, en pleine Corée ou au Japon, au golfe persique, dans le désert d'Australie, en Afrique, à cheval entre les deux hémisphères, les deux tropiques, en Chine ou en Asie, en zone de guerre ou de calme. Il montre comment repartir régulièrement la germe ultime dans toutes les directions possibles, afin de construire et d'agrandir la maille d'un gigantesque réseau, du système cristallin de toute grande prospérité sur terre, la Paix. Ce livre a abordé votre paix comme un état final et comment l'atteindre. Exact, vous êtes le prochain à la répandre comme nous, déjà vous le savez maintenant parce que l'évidence nous mène à dire que **C'EST POSSIBLE.**

Une étude en toxicologie nous montre, que tout est toxique dans ce que nous mangeons, et on constate la pareille avec ce que nous pensons, nos actions, et nos paroles. Seulement, la capacité de nuisance de tous ces éléments dépendent de la teneur ingérée autrement dit la dose.

Toutefois, chacune de nos pensées, de nos paroles et de nos actions est toxique. Elles comportent en chacune d'elle un danger permanent. Par contre, elles nuisent aux uns et elles donnent la paix à d'autres.

Voici pourquoi ;

Le danger de mots, des actes et des pensées est permanent. La dose quotidienne des bonnes choses ou des mauvaises choses que vous y mettez dépendent de vous et ce qui constitue le **risque. Et oui, tout est risqué. Seulement, lequel de risque choisis-tu ?**

Alors, je te présente l'***antidote:***

L'antidote pour anticiper tout empoissonnement de son quotidien même en termes de paix est de jouer sur l'exposition.

Voici une image qui va changer ta perception à jamais :

Au regard de cette illustration, vous comprenez que l'on joue sur l'exposition pour éviter un danger pertinent, et ce livre vous a aidé à minimiser les risques d'un quotidien pourri et à jouer sur une exposition quotidienne face au danger d'une vie sans une paix Majeure en soi.

N'attendez plus, maintenant foncer.

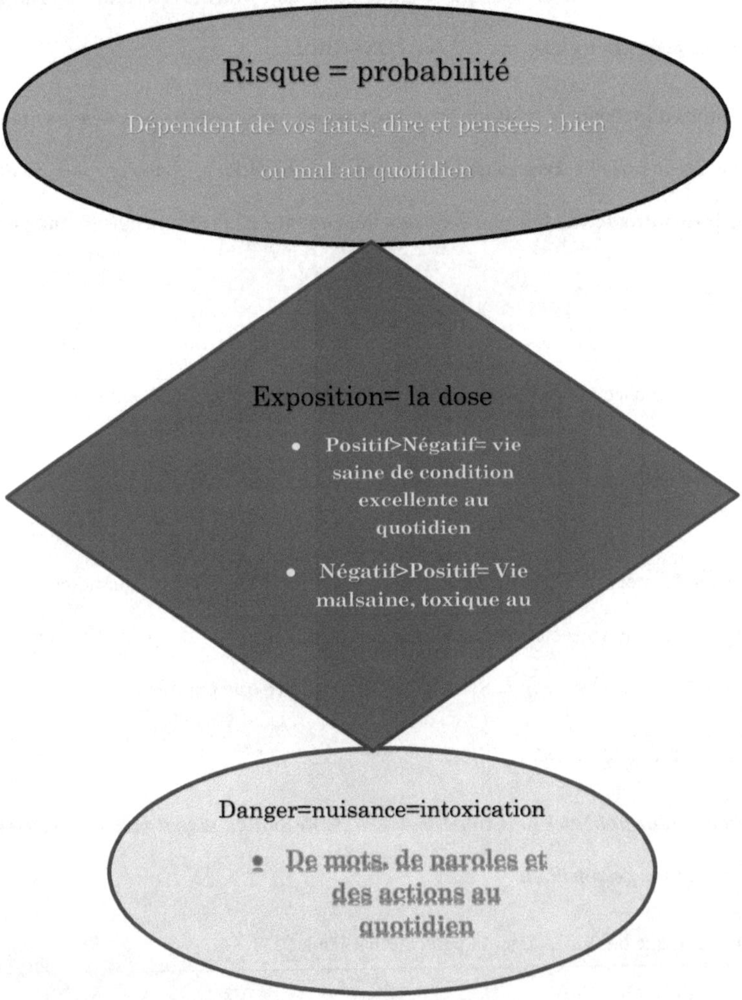

1. **MJ Demarco[1] : est un multimillionnaire autodidacte, entrepreneur, investisseur et auteur.**
2. **LeBron James[2] : né le 30 décembre 1984, est un joueur professionnel américain de basket-ball.**
3. ***NBA[3]* : La National Basketball Association est la principale ligue de basket-ball au monde.**

Cristiano Ronaldo[4] : né le 5 février 1985, est un footballeur international portugais.

4. ***Champions League[5]* : est une compétition annuelle de football organisée par l'Union des associations européennes de football et regroupant les meilleurs clubs du continent européen.**
5. **Lionel Messi[6] : né le 24 juin 1987 est un footballeur international argentin.**

BIBLIOGRAPHIE

- Zig Ziglar (1974), Rendez-vous au sommet.
- Rhonda Byrne (2006), Le Secret.
- https://fr.m.wikipedia.org
- Napoléon Hill (1937), Réfléchissez et devenez riche.
- MJDemarco (2011), l'autoroute du millionnaire.

Table des matières

Druck:
CPI Druckdienstleistungen GmbH
im Auftrag der
Kolibri 360 GmbH
Ferdinand-Jühlke-Str. 7
99095 Erfurt

FSC
www.fsc.org
MIX
Papier | Fördert
gute Waldnutzung
FSC® C083411

Kolibri 360 GmbH
Ferdinand-Jühlke-Straße 7
99095 Erfurt, Deutschland
produktsicherheit@kolibri360.de